天窗、地下溶洞瀑布、桃花水母、海菜花……这些广西独特的岩溶地貌和极具代表性的淡水生物，你都知道吗？如果你感兴趣，请跟随我们的潜游之旅，一起来感受这个独特且有趣的南方地下河世界吧！

淡水之美

吴 烜 / 文 柠檬潜水 / 图

广西民族出版社
Gvangjsih Minzcuz Cuzbanjse

南方的山野，
起伏绵延，
分布着清澈的湖泊与河流。
这是我的家乡。

　　家乡有一条神奇的河，它流着流着，就不见了。它去哪儿了呢？哈哈，它钻入山洞，从地下流走了，我们都叫它地下河。

　　有时，地下河也会露出地面，这就是天窗。天窗的水泛着幽蓝，清澈如镜。有的天窗像传说中的无底洞，深不可测。

地下河天窗，
有的就靠近村边，
村里阿妈、阿姐
会在水边浣洗衣服。
碧绿河水倒映着古老的村庄。
可我一直想知道，
神秘的地下河里，
究竟隐藏着什么。

这里，就是地下河的入口处。一年中，只有冬至前后，阳光才可以从洞口一直照到地下河水面。

地下河与天窗里，藏着哪些秘密呢？我们穿上潜水服，从天窗潜入水里。水下的世界仿佛分成了上下两半，一半似白天，一半似夜间。在神秘的水下世界，我们看到了什么？

潜入水中，抬头平视，阳光穿过水面，纯净的蓝色，如大海一般。

在阳光的照耀下，水草们无忧无虑，如一簇簇早春的新叶，像绿色的旗帜，组成了一个奇幻世界，我就像漂游在热带雨林深处。

美丽的金鱼藻一直沉没在水中，许多鱼儿就藏在里面。金鱼藻就像一棵大树，为鱼儿遮挡阳光。

幽深的地下河水一尘不染。忽然，我看到一个晃动的影子，它若有若无，飘忽不定。

它是什么？

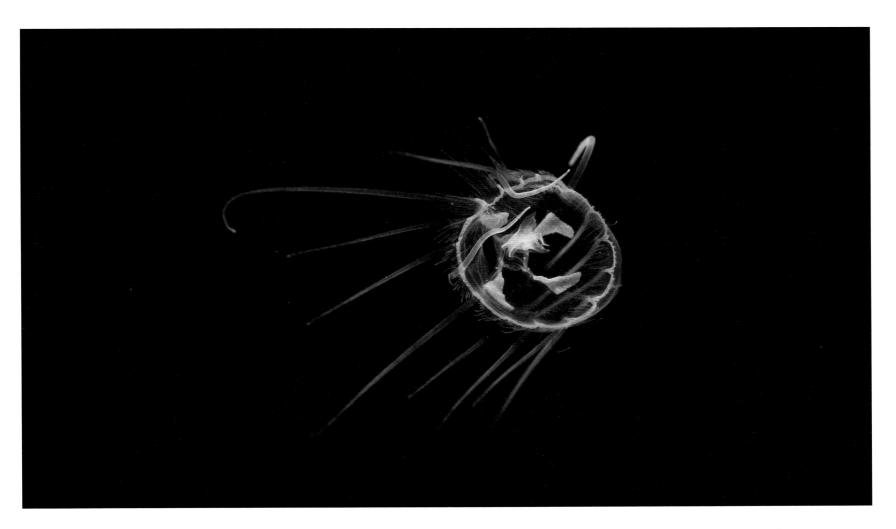

　　啊，是桃花水母！它带着一点羞涩，放出一缕红光，惊艳了幽暗的水下世界，也瞬间映红了我的脸庞。

　　桃花水母，我们当地人叫它桃花鱼。

神奇的地下河又出现在群山之中。

在水下，

我看到了水面上布满白蝴蝶，

那些白蝴蝶在我的头顶上飞舞。

钻出水面，

我才知道那不是白蝴蝶，

那是像白玉一样的海菜花。

透过清澈的河水，可以看到水下布满长长的叶子，花朵立在水面上，周围的一切充满了清凉、纯蓝、洁白的碎光。我感到温柔的清风，从脸颊旁边拂过。

　　海菜花是一种梦一样的水生植物，它扎根水底，叶子像海带，洁白的花朵浮于水面，成千上万，像夜空的星辰，随波荡漾。

地下河的水面上，还有一种尖尖的植物，叫隐棒花。有时，我会看见许多黄莺儿飞翔在隐棒花的上空。

好茂密的水草啊！鱼儿们悠闲地穿行其中。水草在漂荡，像我的衣袖，像我的裙裾，在春天的田野上飞扬。

潜到水底，我触摸到岸上没有的植物。水草里，仿佛隐藏着许多鲜为人知的事物。而我，就像一尾小鱼儿，不想惊动这个水底的梦，只在它身边小心地穿行。

我们进入一个山洞。一缕阳光，一袭瀑布。地下河就是这样，从一个山洞钻出，经过一段天窗与明河，再进入另一个山洞。

再次钻入水中，我们看到了美丽的岩石，岩石表面有血红的色彩，在水下十分鲜艳。同伴告诉我，这叫作鸡血红岩石。

突然，我发现了一个小岩洞，一条虾虎鱼出现在洞口。它很好奇地看着我，我也看着它。

好久，小虾虎鱼就是不肯出洞。我朝它吹泡泡，它看到那些泡泡，立即游出岩洞。哈哈，我终于看到你的全貌了。真是一条漂亮的鱼儿！

另一条虾虎鱼想悄悄占领岩洞，但是被小虾虎鱼发现了。它立即竖起背上的鳍，全身发红，这是在发出警告：

"站住！你想去哪儿？想抢占我的房子吗？"

在小虾虎鱼的严厉警告之下，"入侵者"灰溜溜地离开了。
勇敢的小虾虎鱼保卫了自己的家。

四月里，一群罗非鱼在水底逛来逛去。它们在找什么呢？

哦，原来，罗非鱼在找它们的伙伴呢。大家在一起玩，多开心啊！

　　快看啊，这么多鱼儿！后来我才知道，这是鳑鲏［páng pí］鱼。小鳑鲏鱼渐渐
长大，它们成群地在树枝间穿行，就像在穿越大森林。

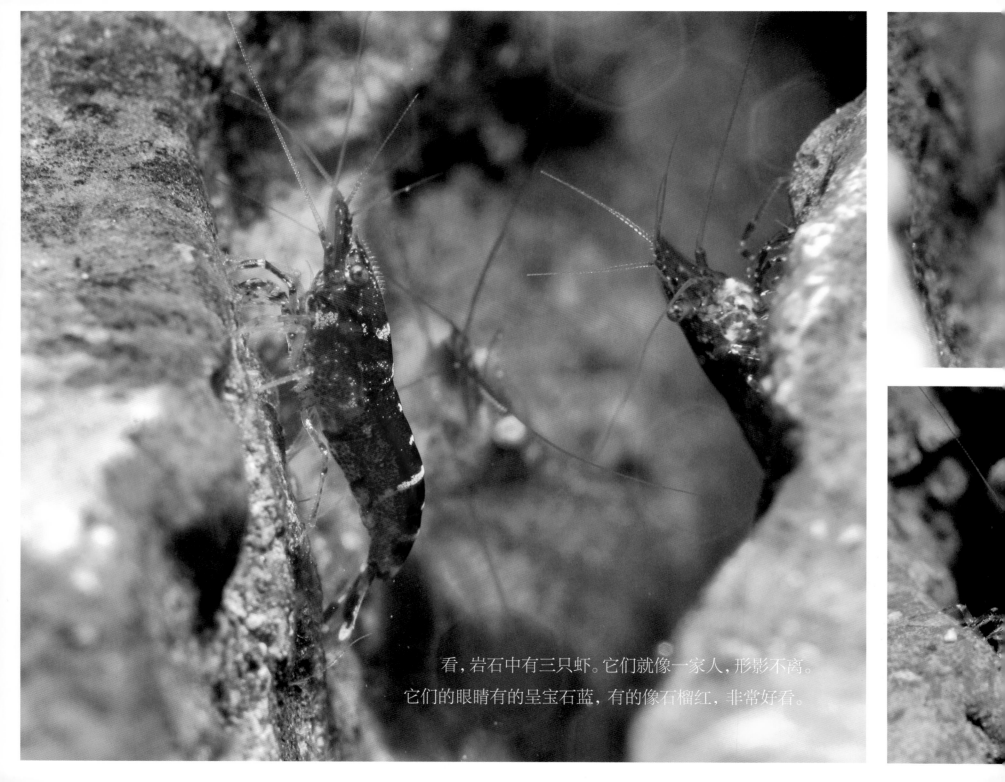

看，岩石中有三只虾。它们就像一家人，形影不离。
它们的眼睛有的呈宝石蓝，有的像石榴红，非常好看。

　　一只大螃蟹藏在石缝里，看见我们从它身边游过，立即将两只大螯［áo］架在门口，似乎在表示抗议："这是我的地盘，你们快快离开，不然，我要你们尝尝大螯的厉害！"

水底下，一只田螺慢悠悠地走着。它在干什么呢？我仔细一看，原来，田螺在专心画画呢！你们猜，它画的是什么呀？

再往前，万籁俱寂。我看到一片水下森林，矗立在静静的山谷。

神秘的地下河钻出水面，
大地之书缓缓打开。
河流像蓝色的飘带，
流向远山和村庄。
我爱这片青山绿水，
我爱我们美丽的家园！

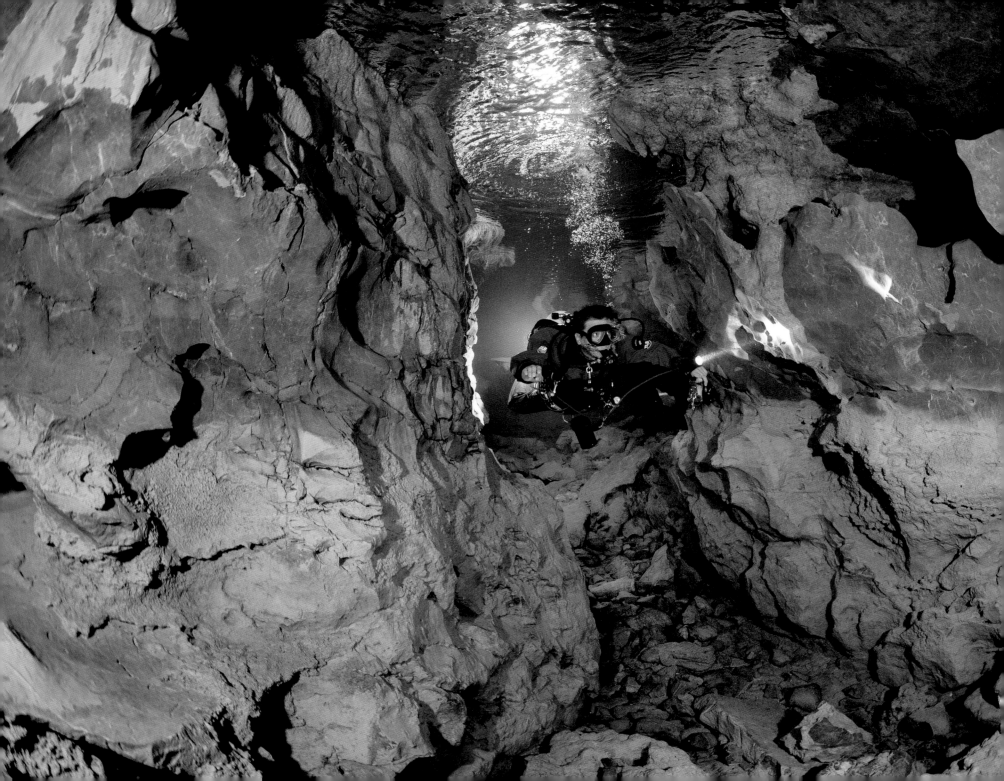

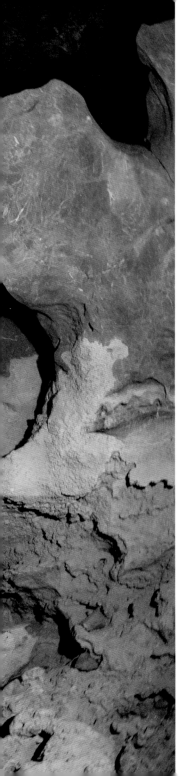

《淡水之美》导读

吴　烜／文

　　在中国南方地区，广泛分布着喀斯特群山。山间零星点缀着一些蓝如宝石的水潭，这些水潭，地质学名词叫天窗。千万别小看了这些面积不大的天窗，它们深不可测，有的像无底洞，有的则是一条游走于地下的暗河。我一直在想，神秘的地下河里，究竟隐藏着什么呢？

　　直到后来，我遇到了柠檬老师，许多谜底也随之解开。柠檬老师是一名资深的潜水教练，此外，她还进行地下暗河拍摄，曾拍到第一张地下河桃花水母照片。当我看到那些漂亮的水草、海菜花和各种水下动物图片，我欣喜不已：神秘莫测的地下河原来是个丰富多彩的隐秘世界！特别是桃花水母，状如桃花，晶莹透亮，像透明小伞在水中悠然漂浮，如暗河中的天使。由于对生存环境有极高的要求，它们的珍贵程度可与大熊猫媲美。还有海菜花，它也是一种对水质要求很高的水生植物，只要河水有一点污染，它就不能生存。

　　了解了这些，我产生了强烈的创作欲望，与柠檬潜水摄影团队一起创作了《淡水之美》。希望小朋友们通过这本科普童书，能初步认识大地深处的水下世界，培养一些生态与环境方面的启蒙意识。希望小朋友们能明白：拥有绿水青山是一件多么幸福的事！

吴烜，广西梧州人。童年时代一直生活在广州西关大屋。喜爱国学，现从事儿童文学创作。代表作有《芙蓉仙子》《花事》《野画眉》《11只灰雁往南飞》《春茶》《春山布谷》《黑龙洞》《灯笼山》等。其中《11只灰雁往南飞》入选"中华优秀科普图书榜"的"少儿原创"榜单，《春茶》参选小凉帽国际绘本大赛，《黑龙洞》被评为广西出版"走出去"优秀出版项目。

柠檬潜水，一个从事潜水培训和水下拍摄的专业团队，成立于2006年，2010年为中央电视台摄制组探索并拍摄孙中山北伐时期船队水下船骸，2011年在都安发现桃花水母，2013年参与中央电视台大型纪录片《秘境广西》的水下拍摄，团队拍摄的视频在纪录片《美丽西江》等多部广西宣传片中使用。

特别感谢：本书图片提供者柠檬（桃花水母发现者）、吴立新（《中国国家地理》特约摄影师）、向航（《中国国家地理》特约摄影师）、宋刚（《中国国家地理》特约摄影师）、娟子、波罗、李帆、张宏、赵忠军。

柠檬潜水
Lemon Diving